LES BAGATELLES
DE
MM. LES JOURNALISTES,
PREMIERE PARTIE.
OU DÉFENSE
DES NOUVEAUX PROCÉDÉS CHINOIS;
Anti-mephytiques & amélioratifs des Vins,

Avec l'expérience de ces procédés, & la démonstration de la meilleure maniere générale de fouler la Vendange, publiée dans les Etrennes ou nouvelles Cuves Chinoises.

PAR MM. LL***

Prix douze sols.

A LONDRES,
Et se trouve à Paris,
Chez LACLOYE, Libraire, rue du Monceau Saint-Gervais.

M. DCC. LXXXIV.

LES BAGATELLES
DE
MM. LES JOURNALISTES,
PREMIERE PARTIE (a).

UNE Bagatelle est une chose à laquelle, raison ou non, on attache peu ou point d'importance; c'est dans cette classe que MM. les Journalistes ont rangé, comme on le verra, les matieres de l'Agriculture & toutes les instructions qui les concernent.

En vain ces instructions pourroient-elles enrichir ou soulager les cultivateurs, grossir leurs moissons ou améliorer leurs plus mauvais Vins; ce ne sont que des Bagatelles, indignes de l'attention de ces Messieurs.

En effet, pour ne parler que des Vins, qu'im-

(a) Quoique ce titre semble annoncer une suite, nous laissons cependant le choix à MM. les Journalistes de la *Capitale*, car ce n'est que d'eux seuls dont il s'agit ici, n'ayant encore mis à aucune épreuve ceux des Provinces.

porte qu'ils ſoient bons ou mauvais ? Le pis aller, pour les Propriétaires & les Vignerons, c'eſt de les boire mauvais, s'ils le ſont, ou de les faire boire aux autres ; c'eſt de les perdre ou de les vendre à vil prix, & finalement, pour un grand nombre, de n'avoir pas de pain. Ce ſera encore, ſi l'on veut, de décréditer les Vins de France, dans un temps où on devroit plus que jamais s'appliquer à les mettre en réputation ; mais tout cela, aux yeux de ces MM., ce n'eſt que des Bagatelles.

A la vérité le peuple, en certaines années ſur-tout, aura une mauvaiſe boiſſon, la conſommation des Vins ſera moins grande, ils rendront moins d'Eau-de-vie, les Etrangers les rechercheront moins, ou ne les rechercheront pas, & par-là, nous perdrons du plus au moins, le tribut qu'ils nous payent. Des rivaux plus actifs nous ſupplanteront peut-être dans le Nord, tandis que des voiſins, favoriſés d'un Ciel plus ſpiritueux, qu'on nous paſſe le terme, prévaudront ſur nous dans un autre hémiſphere, à la faveur de la force & de la vigueur de leurs Vins ; mais tout cela, ou ſi ce n'eſt pas cela, du moins toutes les inſtructions qui s'y rapportent, ne ſont aux yeux de ces Meſſieurs que des Bagatelles.

Les procédés que nous avons publiés dans

les Cuves Chinoiſes, ſont de nouveaux moyens, qui non-ſeulement ſeroient très-utiles à la perfection des Vins, mais encore qui ſont généralement néceſſaires à la ſûreté & à la conſervation des hommes qui les font. MM. les Journaliſtes ne le nieront ſurement pas ; cependant à leurs yeux, ce ne ſont encore que des Bagatelles; auſſi, à l'exception d'un ſeul, aucun d'eux, du moins à notre connoiſſance, n'a daigné les annoncer. Nous en avons d'abord été ſurpris, mais depuis nous avons ceſſé de l'être.

En effet, ſi les meilleurs Ouvrages qu'il y ait en aucune langue, ſur la Vigne, ſur les Vins, & à quelques égards, ſur toute l'Agriculture, n'ont paru à ces Meſſieurs que des Bagatelles : ſi la plupart d'entr'eux ne les ont annoncés qu'avec la plus grande indifférence, & comme ils annonceroient *une Maiſon à vendre, ou une Boutique à louer :* ſi quelques-uns ſe ſont même permis contre l'auteur de ces excellens Ouvrages (M. Maupin) les ſarcaſmes les plus piquans, comme les plus déplacées (*a*), à pro-

(*a*) On peut voir le Mercure du 31 Janvier dernier, n°. 5, & le Journal général de France, ou Affiches de Province, du 8 Juillet auſſi dernier, n°. 84.

Les Ouvrages à l'occaſion deſquels M. M upin a été ſi maltraité dans ces feuilles périodiques, ſont, l'un ſe: expériences auprès de Paris, dans le uel après avoir établi

pos de quoi les nouvelles inventions Chinoises ne leur auroient-elles pas paru aussi des Bagatelles ?

---

par les faits les plus imposans & les plus authentiques, la propriété qu'a sa manipulation de corriger éminemment la verdeur des Vins, il s'est attaché à démontrer, & à notre avis, a démontré clair comme le jour, qu'à l'aide de sa manipulation, & de sa nouvelle méthode de cultiver la Vigne, on pourroit la planter & faire des Vins d'une très-bonne qualité dans les provinces de France, & plusieurs des pays qui sont privés de cette branche si importante de l'Agriculture.

L'autre a pour objet la démonstration des principales découvertes de l'Auteur sur la Vigne, les Vins, la culture des terres, &c. &c.

M. Maupin ne jouit pas, à beaucoup près, de la considération & de la célébrité qui lui seroient dues ; mais il a de la réputation, & ses adversaires même sont forcés de conv ende son mérite.

D'un autre côté, on ne peut disconvenir que les points qu'il a traités dans ces deux derniers de ses Ouvrages, ne soient de la plus grande importance, puisqu'ils ne tendent pas moins qu'à donner une nouvelle face à toute l'Agriculture, & à la faire fleurir dans toutes ses branches, au grand avantage du peuple & de la Nation ; mais toutes ces considérations ne sont que des Bagatelles pour MM. les Journalistes; *non-seulement ils n'ont rendu, en général, aucun compte des deux Ouvrages en question*, mais encore les auteurs du Mercure & du Journal général de France, ou Affiches de province, en ont pris occasion de persiffler l'Auteur de la plus rude maniere, & de

Les représentations que nous allons leur faire, leur paroîtront, sans doute, aussi des Bagatelles, puisqu'elles se rapportent à des matieres que tout

---

lui donner autant de ridicule qu'il leur a été possible; *& toujours sans dire le moindre mot du fond de l'Ouvrage, ni en rien citer*, comme s'il devoit être permis de se jouer publiquement d'un auteur, sans attaquer en même-tems son ouvrage, & démontrer l'illusion & la folie de ses prétentions.

Voilà les faits, il nous a paru nécessaire de les exposer pour prouver ce que nous avons avancé, & à cause des autres conséquences ou avantages que nous en avons tiré. Notre objet, à cet égard, est rempli, nous n'irons point au-delà.

Mais comme nous avons ajouté que les Ouvrages de M. Maupin sont les meilleurs qu'il y ait, en aucune langue, sur les Vins, &c. nous devons donner au moins quelques raisons de notre jugement. Ceux de MM. les Journalistes que nous avons cités, se croyent dispensés de cette loi, lorsqu'ils ridiculisent un Auteur; nous, nous croyons devoir nous y soumettre, lors même que nous en parlons bien.

Quand nous avons publié les Cuves Chinoises, nous ne connoissions les Ouvrages de M. Maupin que par l'annonce de quelques Journaux; ainsi, à proprement parler, nous ne les connoissions point, parce que le titre d'un livre ne suffit point pour le faire connoître, si ce n'est en mauvaise part; mais nous nous les sommes procurés depuis, & nous les avons lus. Nous avons lu aussi dans les modernes qui paroissent avoir le plus d'érudition en ce genre, ce qu'il y a de mieux dans les anciens & les modernes, particuliérement sur la Vigne & les Vins; & c'est d'après tout

nous induit à croire qu'ils regardent comme des Bagatelles ; cependant nous croyons ne pouvoir nous en dispenser ; ainsi nous leur représenterons 1°. que la plus grande injure littéraire, & en général le plus grand tort qu'ils puissent faire à un Auteur, à moins de le tourner en ridicule, c'est de ne pas daigner même annoncer son Livre ; 2°. que les meilleures découvertes ne pouvant être réellement utiles à la Société qu'autant qu'elles sont pratiquées, il est absolument nécessaire, sur-tout en matiere d'Agriculture, non-seulement qu'elles soient annoncées ; mais encore qu'elles le soient de

---

cela, que quant *à la pureté des principes*, *à l'utilité des inventions & à la perfection des pratiques*, nous ne craignons point de dire, que nous n'avons trouvé ni dans les uns, ni dans les autres, rien de comparable à la manipulation de M. Maupin, & à sa nouvelle méthode de cultiver la Vigne : d'où il suit qu'en aucune langue, il n'y a sur ces matieres, aucun Ouvrage aussi excellent que les siens.

Si nous nous sommes trompés, nous espérons que MM. les Journalistes voudront bien désabuser le public, & sur-tout qu'ils voudront bien prouver par de bonnes raisons, le contraire de ce que nous avons avancé. Ils y sont intéressés. Après avoir joué, de toutes les manieres, l'homme qui fait le plus d'honneur à la Nation, dans l'art le plus important des arts ; ils ne doivent rien négliger pour prouver que s'il n'est pas sans mérite, au moins n'a-t-il pas, à beaucoup près, celui que nous lui attribuons.

la maniere la plus avantageuse & *la plus propre à exciter la confiance & l'émulation de tous les propriétaires qu'elles intéressent*, sans quoi elles ne feront sur eux aucune impression, comme le savent surement très-bien MM. les Journalistes; 3°. que cette partie de l'instruction ne peut être donnée que par les papiers périodiques, & que leur refus de la donner, telle que nous venons de dire, est une injustice non-seulement envers les vrais talens, mais encore envers le public, que ce refus peut priver des instructions les plus nécessaires; 4°. que quelqu'éloignement que l'on puisse supposer au public, & en particulier aux grands propriétaires, pour les matieres de l'Agriculture, la principale cause de leur indifférence est celle avec laquelle les papiers périodiques annoncent les grandes inventions en ce genre. Plus les hommes sont froids & plus il est nécessaire de les échauffer, & c'est précisément à faire tout le contraire, que semblent s'attacher MM. les Journalistes.

Le refus qu'ils ont fait d'annoncer nos procédés en est la preuve, & on a vu par l'indifférence affectée avec laquelle ils annoncent les ouvrages mêmes de M. Maupin, qu'elle n'est pas, à beaucoup près, la seule.

D'après ces preuves, nous nous croyons en droit de dire que s'il est vrai que le public ne regarde les inſtructions ſur les matieres de l'Agriculture, que comme des choſes qu'il lui importe très-peu de connoître, ou autrement dit, que comme des bagatelles, ce n'eſt point, comme l'a avancé M. Maupin, au public, ni même juſqu'à un certain point, au ſilence des Académies, ou à l'étrange inaction des Maiſons Réligieuſes, qu'il faut s'en prendre : nous avons prouvé qu'il ne faut point en chercher la principale cauſe ailleurs que dans l'indifférence même des papiers publics, du moins en général; car il ſeroit poſſible qu'il y eut quelques exceptions qui ne fuſſent point à notre connoiſſance; mais comme avant d'écrire, nous avons feuilleté la plus grande partie des Journaux qui ont le plus de cours, nous pouvons répondre que s'il y a des exceptions, il y en a bien peu.

Nous ne prétendons point juger les intentions des Littérateurs journaliſtes ; mais nous croyons avoir remarqué que plus quelques Auteurs s'attachent à faire ſentir l'importance de l'Agriculture & à en relever l'excellence, & plus ces Meſſieurs ſemblent affecter de la ravaler dans les hommes qui l'honorent le plus. Si cela étoit, nous ne craindrions point de dire que ce ſont des enfans ingrats qui battent leur mere nourrice. Nous n'oſons l'aſſurer, parce qu'encore une fois nous ne prétendons point nous rendre juge des intentions, mais du moins eſt-il bien certain que ce n'eſt pas marquer, à ce premier des Arts, une grande conſidération que de n'en marquer aucune, & tout au contraire, aux hommes qui y tiennent les places les plus diſtinguées.

Ces Meſſieurs ne nous oppoſeront point l'indifférence du public pour les matieres rurales; nous leur avons déja démontré que c'eſt principalement à eux qu'il faut l'attribuer; mais à défaut d'autres raiſons, ils pourroient peut-être nous oppoſer leur ignorance dans ces matieres; nous n'irons point au contraire, mais nous leur répondrons qu'ils devroient en faire l'aveu public, afin que leur ſilence ou leurs ſarcaſmes ne tiraſſent à aucune conſéquence.

Nous leur dirons auſſi que rien, en général, ne leur feroit plus facile, s'ils le vouloient comme ils ne le veulent pas, que de s'éclaircir avec les Auteurs ſur les difficultés qui pourroient les arrêter, & qu'au ſurplus il y a beaucoup de cas où pour juger, il ne faut ni ſcience, ni pratique, ni application, ni éclairciſſement, & que par conſéquent la raiſon de leur ignorance en feroit une très-mauvaiſe.

Nous ajouterons encore que, ſi elle étoit admiſe, ce feroit exclure de tous les papiers publics, les découvertes dans l'économie rurale, puiſqu'elles ne pourroient tout au plus qu'y être annoncées, ſans y être diſcutées ni accompagnées des circonſtances qui peuvent les faire valoir & exciter la confiance du public. Nous ſavons bien que les choſes ſe paſſent ainſi, & quelquefois, même plus mal, nous l'avons éprouvé. Nous ſavons encore que dans la vue de perpétuer l'ignorance des campagnes, il eſt impoſſible de faire plus que d'enterrer les talens qui auroient pu les éclairer ; mais comment accorder tout cela avec un ſiecle auſſi éclairé que le nôtre ſur les grands intérêts des nations, avec l'intérêt des récoltes abandonnées par-là, à toute la barbarie de l'ignorance, avec le bien public, & enfin avec la juſtice & les encouragemens dus aux vrais talens ? Nous ſoumettons ces difficultés à MM. les Journaliſtes, mais nous les ſoumettons plus encore à l'équité des perſonnes auxquelles il appartient particulierement de les lever.

Les vérités que nous avons pris la liberté de dire à MM. les Journaliſtes ne nous ſemblent pas, à beaucoup près, auſſi dures que celles du Germain ou du Payſan du Danube au Senat de Rome : cependant nous ne nous attendons pas qu'elles ſoient récompenſées de la même maniere, & que, pour prix de notre franchiſe, ces Meſſieurs conſentent à nous donner entrée & une place honorable dans leurs feuilles. Si pour mériter cet honneur, il ne falloit qu'ajouter encore de nouveaux traits à ceux que nous avons exposés, nous oserions nous en regarder comme assurés; mais notre dessein, en ce moment, n'est point d'épuiser la matiere, & nous voudrions d'ailleurs laisser quelque chose à faire à la générosité de ces Messieurs. Nous allons cependant leur proposer encore quelques réflexions, & en particulier leur prouver ce que nous avons avancé plus haut, qu'il y a beaucoup de cas où pour juger, il ne faut ni science ni pratique, ni éclaircissement.

Nous pourrions en citer un grand nombre d'exemples & particulierement les cas où les preuves gissent en faits. Les faits, quand ils sont averés, ou bien constatés comme tout cela se trouve, entr'autres, dans la manipulation de M. Maupin, sont la lumiere des aveugles. Il n'est pas possible d'échapper à ces sortes de preuves & de ne les pas voir; ainsi le doute, en pareil cas, ne peut être qu'une affectation, parce que, quelque chose que l'on puisse supposer, il est évidemment impossible que ce qui est, ne soit pas, & qu'une chose est nécessairement, dès qu'elle est prouvée par des faits tels que nous les avons supposés.

Nous n'employerons pas cette espèce de preuve, mais celle que nous allons rapporter ne sera pas moins évidente: elle est prise du second procédé des Cuves Chinoises.

Dans ce procédé, de même que dans l'un de ceux de M. Maupin, on n'entre point dans la cuve pour fouler la vendange. Dès-là, il est clair & évident que les hommes chargés de cette opération, ne descendant point dans la cuve, ne peuvent pas y être suffoqués du gas méphytique, comme cela arrive trop souvent, ou y être transis ou mourir de froid, comme l'un arrive généralement, & l'autre quelquefois dans les années tardives & les vendanges froides.

Le moyen proposé dans le même procédé pour garantir les hommes de la suffocation, lors de l'extraction du marc, est également simple & évident; il est impossible de douter de son effet, non plus que de celui du procédé pour le foulage. Il est évident que si l'on précipite dans le marc toute la vapeur mephytique qui s'en est exhalée dans le vuide de la cuve pendant le tirage du vin, & qu'ensuite, on retire du marc même une grande partie de cette vapeur, les hommes débarrassés de cette vapeur pendant l'extraction du marc, ne seront plus exposés à être suffoqués par son excès. Il ne faut, pour sentir l'évidence de ce second moyen, ainsi que du premier, ni science, ni pratique, ni application, ni éclaircissement : ces nouveaux moyens anti-mephytiques dont l'un a encore pardessus cela, la propriété de perfectionner le foulage, & l'autre, de prévenir la déperdition d'une partie des esprits du vin, intéressent essentiellement la santé & même la vie d'un grand nombre d'hommes & d'hommes précieux; mais quoique dans ces derniers tems, l'humanité des Villes & des savans ait porté sa sollicitude sur les pratiques dangereuses des Arts, & qu'elle ait daigné l'étendre, même avec éclat, jusques au plus abject de tous, les Cuves n'ont pu obtenir, en rien, la faveur des fosses, & nos moyens, regardés sans doute par MM. les Journalistes comme des bagatelles, quoique, pour en juger autrement, il ne faille que des yeux, n'ont pas même été annoncés par ceux d'entreux qui ont montré le plus d'inquiétude & de zéle pour les choses de ce genre. Ainsi voilà les hommes de la campagne délaissés & abandonnés par ces Messieurs, à tous les dangers & aux accidens dont, à l'aide de nos moyens, il n'auroit tenu qu'à eux de les préserver, s'ils l'avoient voulu.

Nous avions bien pensé qu'ils n'emboucheroient point la trompette, ou du moins qu'ils n'en enfleroient par les sons pour *les Cuves Chinoises*, comme pour les Balons, le Magnétisme animal & tous les autres prodiges, dont ils se feroient scrupule de passer la moindre note; mais nous étions bien loin de prévoir que, violant, à notre égard, les regles les plus communes de l'ordre & de l'usage, ils ne daigneroient pas même les annoncer. Dans un siecle barbare, où la perfection des Arts, & la conservation des hommes seroient comptées pour rien, nous n'en aurions pas été surpris, mais qui s'y seroit attendu dans un siecle dont le principal caractere est l'humanité, & qui, malgré sa légereté, est pourtant celui qui paroît avoir le mieux senti ou connu le prix des arts les plus utiles à la société ?

A la vérité les Arts de l'Agriculture ne sont peut-être pas ceux pour lesquels, faute de confiance, il montre le plus d'attention ; mais il est trop éclairé pour ne pas les estimer, & il en aura sûrement le goût quand on voudra bien faire ce qu'il faut pour le lui donner ; quand on lui inspirera plus d'estime pour les Savans qui s'y distinguent ; quand les papiers publics n'affecteront plus de confondre, par la même indifférence ou les mêmes louanges, l'homme de génie qui va toujours au but, & l'atteint, avec des hommes, érudits ou non, qui n'y vont pas ou qui n'y arrivent jamais ; quand au lieu d'entretenir sans cesse le public de choses qui ne peuvent qu'alimenter sa curiosité, & non améliorer son existance, les Auteurs des Journaux voudront bien l'entretenir aussi & lui rendre bon compte des découvertes solides, des grandes

des inventions & ſur-tout des excellentes pratiques qui peuvent ſe faire ou ſe donner dans l'Agriculture ; enfin quand ces Meſſieurs voudront bien faire ce qu'ils ne font pas, parce que, ſans doute, ils regardent tout cela comme des Bagatelles.

Nous n'oſons nous flatter que ce premier écrit faſſe aſſez d'impreſſion ſur MM. les Journaliſtes, pour les faire changer d'avis. A la vérité, ils ne nieront point les avantages & l'évidence des nouveaux procédés anti-mephytiques que nous avons publiés : ils ne nieront point les pertes immenſes que cauſe leur indifférence, & que nous avons expoſées dans les premieres pages de ce diſcours : ils ne nieront point les faits que nous leur avons imputés, nous les avons pris dans leurs propres papiers : ils ne nieront point que leur indifférence ne ſoit la principale cauſe de celle du public : ils ne nieront point que les grandes inventions ou les inventions d'une grande utilité dans l'Agriculture ne duſſent être publiées ſur les toits, & à plus forte raiſon, qu'elles doivent l'être avec éclat, non dans quelques papiers publics, quelquefois très-peu recherchés & dès-là, très-peu publics, mais dans tous les Journaux, puiſque dans le cours ordinaire des choſes, c'eſt le ſeul moyen de les faire connoître, & que ce qui eſt eſſentiellement utile au public &

dans tous les pays, & tous les lieux ne peut être trop connu : enfin ils ne nieront rien de tout ce que nous leur avons opposé; mais savans dans l'art d'éluder les raisons & les difficultés auxquelles ils ne pourroient répondre, (leurs sarcasmes contre M. Maupin en sont la preuve) (*a*) peut-être MM. les Journalistes prendront-ils le parti du silence, ou celui de nous persifler. Nous leur laissons le choix, mais nous pensons qu'il seroit plus juste & plus honorable pour eux, de se défendre en regle, ou s'ils ne le peuvent pas, de se rendre à nos raisons. Nous les invitons à l'un ou à l'autre, mais en même temps, nous leur déclarons que, quelque parti qu'ils prennent nous ne quitterons point la plume que nous n'ayons eu définitivement & publiquement tort ou raison, & que sûrement leur silence ou leurs sarcasmes ne nous arrêterons point.

Nous avouerons cependant que notre dessein, en donnant l'année derniere, les premieres étrennes Chinoises, avoit été, si le public les avoit accueillies, d'en donner de nouvelles cette année, & de publier quelques-unes des inventions économiques Chinoises que nous avons annoncées à la page 10 de notre premier écrit, mais que le mépris dont il a plu à MM. les Journalistes

---

(*a*) Voyez les pages 5 & 6.

d'honorer nos premiers essais nous en a fait passer l'envie. Quelqu'utiles que nous paroissent ces nouvelles inventions qui manquent à notre Agriculture, nous n'avons pas cru, qu'après un pareil mépris, nous dussions hazarder d'en donner aucune; & c'est ainsi qu'au préjudice de l'intérêt public, & dans un siecle que nous devons regarder comme juste, puisque la justice doit toujours aller avant la bienfaisance, ces Messieurs, du moins pour la plupart, car encore une fois, il peut y avoir des exceptions, encouragent les talens qui pourroient être le plus utiles à la Société.

Nous ne savons quelle sera l'issue de notre réclamation contre des hommes qui, à en juger par le despotisme avec lequel ils traitent les Auteurs & les plus grands talens, paroissent avoir le droit de faire tout impunément; mais quelle que puisse être cette issue, nous avons pensé que nous n'en devions pas moins publier l'expérience que nous avons faite des nouveaux procédés Chinois. Nous sommes bien loin de leur attribuer en entier la superiorité du vin qui en estrésulté, mais l'usage que nous avons fait de ces procédés, joint aux réflexions que nous y avons ajoutées, ne nous en a pas paru moins propre à en démontrer la nécessité. C'est particulierement dans cette vue que nous allons exposer la démonstration &

l'expérience que nous avons annoncées dans le titre de cet écrit.

Expérience des nouveaux procédés Chinois, anti-mephytiques & amélioratifs des Vins, avec la démonstration, &c.

Le foulage de la Vendange est une des opérations les plus essentielles de la manipulation des Vins : on peut même dire qu'elle en est la partie fondamentale.

La perfection de cette opération & le *tems* où on la fait, ne sont pas, à beaucoup près, les seuls points nécessaires à la meilleure qualité des vins, mais il y contribuent beaucoup.

Si la vendange est foulée grossierement ou imparfaitement, comme elle l'est généralement par-tout, principalement dans les vendanges froides, ou lorsque les raisins ont beaucoup de verdeur, il n'y aura que la partie qui en aura été écrasée qui subira la fermentation, & alors le Vin sera moins spiritueux, puisque c'est la fermentation qui développe les esprits du Vin; il sera encore moins propre à se conserver & infiniment plus verd dans les années de non maturité.

Si cette opération se fait à plusieurs reprises, la fermentation sera divisée, & dès-là, non-seulement elle sera moins vive & moins complete puisqu'elle ne sera pas simultanée, & que dans ces foulages successifs, il s'évapore au moins beaucoup d'air & de gas, mais encore, le Vin sera moins propre à se conserver, parce que d'un côté la fermentation aura été moins parfaite, & que, de l'autre toutes les parties du Vin, n'ayant pas été faites en même temps, il peut arriver que celles qui ont été faites les premieres, ayent souffert quelqu'altération.

Si, au lieu de faire plusieurs foulages, on n'en fait qu'un, ce que nous regardons comme l'usage le plus universel, & que ce foulage ne soit fait, comme il l'est par-tout, à quelques exceptions près, que lorsque le tiers ou la moitié de la vendange a subi, au moins en grande partie, la fermentation, & que la liqueur a déja pris beaucoup de chaleur, le Vin aura encore moins de qualité & de durée que dans le cas des foulages successifs, par les mêmes raisons, & encore parce qu'il y aura eu de plus une grande évaporation, non-seulement du gas, mais encore des esprits du Vin. Il en seroit de même dans le cas des foulages successifs, si on les faisoit dans les mêmes circonstances, comme nous ne doutons point que cela n'arrive souvent.

Il résulte de ces observations, que ces deux manieres de fouler, à ne les considérer même que rélativement à la qualité des Vins, sont très-défectueuses; mais sans parler, en ce moment, des dangers qui en sont inséparables, elles ont encore un autre inconvenient, en ce qu'à l'exception peut-être, des années où les raiſins ont beaucoup de maturité & de moleſſe, le foulage ne peut toujours être que très-imparfait, au moins dans les vendanges froides & dans les années de non maturité.

Dans le premier cas, on conçoit que des hommes plongés juſques aux épaules, dans un liquide qui les glace, ne doivent avoir rien de plus preſſé que d'en ſortir, & que, dès-là, ils ne peuvent que bruſquer l'opération.

Dans le ſecond cas, qui ſe rencontre ſouvent avec le premier, des hommes, dont tout le travail poſſible ſe réduit à embraſſer ſucceſſivement & par maſſes, toutes les parties du marc, & à les ſerrer contre leur poitrine, ſans pouvoir les preſſer dans leurs mains, ne peuvent écraſer parfaitement des raiſins dont la dureté eſt inſéparable de la verdeur, & qu'il ſeroit cependant d'autant plus néceſſaire d'écraſer qu'ils ſont plus verds.

Ainſi, ſous quelque point de vue que l'on regarde les deux manieres de fouler dont nous venons de parler, elles ſont très-vicieuſes : le foulage y eſt généralement très-imparfait, & on ne le fait point dans le temps convenable, ou autrement dit, on le fait toujours à contretemps. Ces deux points ou inconvéniens nous paroiſſent si bien établis que nous croyons pouvoir les regarder comme démontrés sans replique.

Les deux manieres de fouler, dont nous venons de faire voir les inconvéniens, ne sont point les seules. Il y a, dans tous les pays, & plus encore dans quelques-uns que dans d'autres, un grand nombre de personnes qui sont dans l'usage de faire écraser les raisins avant que de les mettre dans la cuve : la vendange foulée de cette troisieme maniere, l'est en général plus parfaitement que dans les deux autres ; mais il y a beaucoup de varietés dans les procé dés, & il n'y en a aucun qui n'ait des défauts, les uns plus, les autres moins. Le seul qui n'en ait point est celui qu'a imaginé M. Maupin. Non-seulement il est le plus expéditif & le plus parfait dans tous les points, mais nous ne craignons point de dire, qu'il est impossible d'en inventer un qui le soit autant. Sa nouvelle fouloire réunit tous les avantages, celui d'être la plus propre à la perfection du foulage, & en même temps, de couvrir en entier la liqueur pendant même l'opération & après, jusqu'au tirage du Vin; aussi les personnes & toutes les personnes, qui sont dans l'usage de fouler la vendange avant de la jetter dans la Cuve, n'ont-elles, à notre avis, d'autre parti à prendre que] de se servir de cette heureuse invention, & que d'abandonner leurs anciennes pratiques, défectueuses en un point ou un autre.

Cependant quelque parfaite que soit cette invention, elle n'est que d'un usage très-circonscrit. Nous parlons d'après les principes mêmes de M. Maupin, & les solides raisons qu'il en en a données aux pages 17 & suivantes de la description de sa nouvelle Fouloire dans *la richesse des Vignobles*. Il étoit trop éclairé pour ne pas appercevoir l'impropriété de sa nouvelle invention pour les circonstances les plus générales, & de trop bonne foi pour chercher à la faire valoir au mépris de la vérité; aussi voyons-nous que, sur treize articles dont est composé son *procédé*, intitulé *pour la manipulation & fermentation des Vins*, il en a consacré cinq, à commencer de l'article 3, à la seule théorie du foulage dans les cuves. Nous ne dirons rien de cette théorie, que l'Auteur a exposée dans le procédé dont nous venons de parler, & dans la description de sa nouvelle Fouloire, sinon que maître de sa matiere, il a pourvu à tout, & qu'il en résulte que le plus grand nombre ne doit fouler la Vendange qu'après l'avoir jettée dans la Cuve. Tous les Vignerons, en général & une grande partie des Propriétaires bourgeois sont de ce nombre, parce que, mettant communément plus de deux jours & souvent plus de quatre à remplir leurs cuves, ils ne pourroient fouler leur Vendange à mesure qu'elle arrive, sans les plus grands inconvéniens; ainsi, la nouvelle invention de M. Maupin ne pouvant être d'un usage général pour le foulage, & le procédé des Cuves Chinoises, quoique moins parfait que cette invention, étant pourtant préférable aux pratiques ordinaires, sur-tout par rapport au temps où doit se faire l'opération, ce procédé devient nécessaire & le meilleur qu'il y ait pour le grand nombre.

Mais ce n'est pas seulement sous ces points de vue qu'il doit être preféré aux pratiques ordinaires, il doit l'être sur-tout, parce que, dans l'opération dont il s'agit, il a la double propriété de prévenir tous les accidens de la vapeur mephytique, & encore ceux qui sont presqu'inséparables des Vendanges froides; c'est particulierement par-là qu'il mérite toute l'attention des Vignobles, & celle de bien d'autres. Nous n'osons nous flatter d'obtenir celle de Messieurs les Journalistes & encore moins leur suffrage: cependant après la discution & tous les détails dans lesquels nous sommes entrés sur le procédé dont il s'agit, & ses différentes propriétés, nous croyons avoir suffisamment démontré que c'est dans ce procédé que doit se trouver la meilleure maniere générale de fouler la Vendange, soit par rapport à la perfection & au temps du foulage soit par rapport à ses autres propriétés. L'usage que nous en avons fait dans l'expérience que nous allons rapporter, achevera, à ce que nous espérons, de rendre cette démonstration parfaitement sensible.

C'est à quinze lieues de notre résidence que nous avons fait notre expérience, & c'est le vingt-sept Septembre dernier, que nous l'avons commencée par un temps qui n'étoit rien moins que chaud. La cuve contenant environ douze muids, a été emplie un peu plus qu'à moitié le premier jour, & elle l'a été entierement le lendemain sur les six heures du soir. La Vendange étoit composée de Raisins communs de différens degrés de maturité. Il y en avoit de mûrs, il y en avoit qui ne l'étoient pas, mais en général la Vendange avoit beaucoup plus de verdeur que de maturité, & il y en avoit une partie assez considérable qui n'étoit que ce qu'on appelle verdillons, tout ayant été mis indistinctement. Elle étoit mêlée de raisins blancs & de raisins noirs; mais il n'y avoit qu'infiniment peu des premiers.

L'amateur chez lequel nous avons fait notre expérience, nous avoit laissé le choix, ou de cette Vendange verte, ou d'une Vendange beaucoup plus mûre & attaquée en partie de pourriture ; mais nous avions trop bien lu les Ouvrages de M. Maupin, & en partie ſon excellente théorie ſur le temps de la Vendange, pour nous laiſſer ſéduire par l'appas de la maturité, & d'ailleurs habitans d'une province qui ne produit pas de Vin, & prévenus par les Ouvrages de M. Maupin, qu'elle pourroit, ainſi que pluſieurs autres, qui n'en produiſent pas plus, en donner de bonne qualité & toujours au moins de très-potables ; nous ne pouvions qu'être très-curieux de profiter de l'occaſion pour voir de nos yeux, le degré juſqu'auquel la ſavante manipulation de cet Auteur pouvoit emporter la verdeur des Vins & les améliorer ; auſſi n'avons-nous pas héſité ſur le choix.

Le ſecond jour de notre Vendange avoit été plus froid que la veille, & à la ſuite de beaucoup de pluie dans la nuit, il en étoit tombé encore, à pluſieurs repriſes pendant le jour ; ainſi notre cuve ne pouvoit manquer d'être très-froide, & elle l'étoit ſans cela, & ſi nous avions remarqué quelque mouvement ſenſible & qui nous eut donné lieu de penſer que, dans la nuit, la fermentation eut pû s'établir, notre premier ſoin auroit été de faire fouler la cuve auſſi-tôt qu'elle a été emplie ; mais comme nous nous trouvions dans une circonſtance différente & que nous prévoyions qu'à la ſuite du foulage, il feroit néceſſaire d'échauffer la liqueur, ce qui nous auroit pouſſé un peu tard dans la nuit, nous avons remis l'opération au lendemain, après avoir pris la précaution de bien fermer notre cuve, ainſi que M. Maupin l'enſeigne pour ces circonſtances; car, aux opérations Chinoiſes près, nous avouons que nous n'avons d'autre part au ſuccès de notre expérience, que d'avoir bien pris dans les différens Ouvrages de M. Maupin (*a*), l'eſprit de ſes opérations, & d'avoir exécuté à la lettre, comme on le verra, le procédé dans lequel il les a décrites méthodiquement, & chacune dans l'ordre & le temps qu'elles doivent s'exécuter.

A ſept heures du matin la cuve étoit encore très-froide, & à bien peu de choſe près, dans le même état que la veille. Nous nous étions conformé exactement, pour la preſſion des Raiſins à la Vigne, à l'article 3 du procédé de M. Maupin, enſorte que nous étions fondés à croire qu'il n'y avoit guères, & même tout au plus dans la cuve que le quart de la Vendange en Liqueur; & comme pour la plus grande perfection de notre opération, nous voulions en retirer de la cuve à peu-près la moitié, quoiqu'à la rigueur un tiers fût ſuffiſant, nous avons

(*a*) Chez Muſier & Gobreau, Libraires, Quai des Auguſtins.

commencé d'abord par faire faire une plus grande quantité de liquide par deux hommes placés en-dehors de la cuve avec des pilons, dont le manche étoit plus court d'un pied que ceux dont il va être parlé ; ensuite de quoi nous avons lâché la canelle & tiré le Vin, comme il est dit, & avec les précautions marquées au bas de la page 5 des cuves Chinoises.

Cela fait, & le marc descendu au-dessous des tasseaux, placés dans la cuve à un pied du bord supérieur, on a posé la planche : deux hommes sont descendus dessus, avec les pilons décrits (a), ainsi que les tasseaux & la planche à la page 6 des cuves Chinoines, & ont procédé au foulage, en enfonçant, à chaque coup, le pilon jusqu'au fond de la cuve, afin qu'autant qu'il étoit possible, aucune grappe ou grain ne pût échapper ; mais comme nous avions à cœur que l'opération fut faite le mieux, & en moins de temps possible, & que, dans le début du foulage, les hommes éprouvoient une certaine résistance à percer avec leurs pilons, toute l'épaisseur de la Vendange, qui, dans ce premier

---

(a) La masse ou partie inférieure de ceux dont nous nous sommes servis, a trois pouces de diametre ou épaisseur, sur onze à douze de longueur.

moment, ſe trouvoit entièrement privée de ſon liquide, nous avons fait relever, au bout d'une demi-heure, les deux premiers fouleurs, par deux autres qui ont continué l'opération ſur l'autre moitié de la cuve, qui n'avoit point été entamée par les premiers.

Au bout d'une heure, l'uſage des pilons devenant inutile & ſans effet, au moyen de la grande quantité de liquide qu'ils avoient exprimé des raiſins, nous leur avons ſubſtitué un autre inſtrument, dont nous avions vu faire uſage dans quelques Provinces. Cet inſtrument, dont l'effet eſt en partie, d'écraſer les raiſins, & en partie, d'achever d'écraſer ceux qui ne ſont encore qu'ouverts, nous a paru néceſſaire pour donner au foulage toute la perfections dont il eſt ſuſceptible dans la cuve.

Cet inſtrument que l'on appelle *Briſoir*, & qui doit avoir la même longueur que les pilons, eſt une eſpece de pieux, de forme ronde ou cylindrique, percé à ſix pouces de ſon extrêmité ſupérieure, pour y faire paſſer une cheville ou manche qui, deborde de chaque côté, pour le tenir avec les mains. Il eſt également percé, à ſon extrêmité inférieure, de trois ou quatre trous *en croix*, pour y recevoir des chevilles qui débordent de trois ou quatre pouces de chaque côté. Ce pieux, qui doit êtra fait de bon bois, peut avoir de diametre, environ deux pouces par le haut, & un peu plus par le bas. Les chevilles sont de bois de chêne, & peuvent avoir environ trois pouces de circonférence : elles sont rondes, & seulement un peu pointues à chaque bout. Il faut mettre la premiere cheville à un pouce & demi du bout, & observer un pouce de distance entre une cheville & une autre.

Tel est l'instrument dont nous nous sommes servis à la suite des pilons, & que nous avons cru devoir ajouter au procédé Chinois. Trois hommes montés sur la planche en ont fait usage pendant une demi-heure ; après quoi les hommes & la planche retirés, nous avons fait verser dans la cuve tout le Vin qui en avoit été soustrait avant l'opération qui, au moyen des deux instrumens, s'est trouvée faite bien plus parfaitement, & bien plus à propos qu'elle n'auroit pu pu l'être par tout autre instrument, ou par des hommes qui, comme c'est l'usage le plus général, seroient descendus dans la cuve.

Le foulage, fait de cette maniere, ne peut être aussi complet que par la nouvelle Fouloire de M. Maupin ; mais il est infiniment plus avantageux & plus parfait qu'il ne peut l'être dans les deux manieres générales dont nous avons parlé : 1°. En ce que les hommes ne descendant point dans la Cuve, on peut toujours le faire dans le temps le plus convenable, & prévenir, par-là, toute évaporation du gas & des esprits du Vin, au lieu que dans les manieres usitées il y a toujours déperdition de l'un & de l'autre, soit, parce que l'on place mal les foulages successifs qui, d'ailleurs sont toujours très-imparfaits, sur-tout si on les suppose faits avec des instrumens; soit, parce que dans le cas où les hommes descendent dans la cuve, il faut nécessairement attendre que la cuve soit assez échauffée pour que les hommes puissent y descendre; auquel cas, il est impossible qu'il n'y ait évaporation d'une grande quantité de gas & d'esprits. 2°. En ce qu'au moyen de la soustraction d'une partie du Vin, les pilons & les brisoirs pilent & brisent la Vendange beaucoup plus parfaitement qu'elle ne pourroit l'être dans les manieres usitées, principalement dans les Vendanges froides, ou lorsque les raisins ont beaucoup de verdeur ou de dureté. 3°. En ce que, dans les Vendanges froides, les hommes ne sont point exposés à être saisis, & quelquefois à mourir de froid, comme dans la pratique la plus générale. 4°. En ce qu'en aucune année, & principalement dans les Vendanges chaudes, & lorsque les Vins

sont

ſont très-fumeux, les hommes, dont à un pied ou un pied & demi près, tout le corps eſt hors de la cuve, ne ſont point expoſés, comme dans l'uſage le plus ordinaire, aux accidens ſi dangereux & quelquefois ſi meurtriers de la vapeur mephytique. 5°. En ce que le foulage étant fait dans le temps le plus convenable, & d'une maniere plus parfaite, la fermentation eſt plus complette & le Vin meilleur.

Nous ne penſons point qu'il ſoit néceſſaire d'inſiſter ſur l'importance de tous ces avantages; mais quoique le réſumé que nous en venons de faire, ſuſpende le récit de notre expérience, nous avons cru que c'étoit ici le lieu de le placer; nous allons maintenant reprendre la ſuite de nos opérations.

Celle dont nous venons de rendre compte, commencée à huit heures du matin, n'a été achevée qu'à dix; ainſi elle a duré deux heures. Auſſi-tôt qu'elle a été achevée, nous n'avons rien eu de plus preſſé que de couvrir la cuve de la maniere que M. Maupin l'enſeigne dans ſon procédé, article 8. Le marc nageoit dans le liquide, ou plutôt il occupoit encore le fond de la cuve, & la liqueur ne marquoit aucun mouvement ſenſible, & étoit très-froide, en conſéquence, pour accélérer l'élévation ou aſcenſion du marc, & la fermentation, nous

nous sommes déterminés à faire usage des raisins bouillans, suivant les principes de M. Maupin, dans l'article 9 de son procédé ; nous avons fait préparer & chauffer ces raisins, comme il est dit dans le même article ; & pour le temps & la quantité, nous nous sommes conformés à sa derniere instruction sur les raisins bouillans, page 36 de sa *Théorie des Vins blancs.* Nous avouerons pourtant, que persuadés, comme nous le sommes, des grands effets des raisins bouillans, que M. Maupin n'en a réduit la quantité que pour s'accommoder au temps, nous avons passé un peu la proportion qu'il a indiquée par cette instruction ; & en cela même, nous sommes bien assurés d'en avoir pris l'esprit. Nous avons mis nos premieres chaudieres, depuis environ midi, jusqu'à midi & demi, & nous les avons introduites par l'entonnoir à long tuyau, que M. Maupin a imaginé, & dont il a donné la description dans l'article déja cité.

Nous n'avions pu placer les planches du fond ou couvercle, sur le marc même, comme M. Maupin le dit dans le même article, à cause de la liqueur qui le recouvroit ; mais nous avons eu l'attention, comme il le recommande encore pour cette circonstance, de garnir le fond ou contrefond, de maniere que le feu des chaudieres ne put s'exhaler hors de la cuve; aussi, dès quatre heures après midi, le marc couvroit déja la liqueur; mais comme il n'y étoit point encore bien affermi, nous nous sommes bornés à poser les planches immédiatement sur le marc, & à six heures du soir, nous avons repris & continué les chaudieres, qui ont été achevées à huit heures. Nous les avons entonnés par les trois ouvertures indiquées par M. Maupin, dans l'instruction dont nous avons parlé; & pour entretenir, autant qu'il étoit possible, une chaleur égale dans toutes les parties de la liqueur, nous avons mis quelques sceaux de plus du côté où la cuve nous a paru le plus exposée au froid du dehors. A dix heures la fermentation sensible commençoit à s'établir. Le lendemain 30, à huit heures du matin, elle étoit bien établie, mais non à beaucoup près dans sa force. Le marc étoit monté de deux pouces : à huit heures du soir, la fermentation étoit très-forte, le marc étoit monté en tout de 5 pouces. Le 1 Octob. à 8 heures du matin le marc étoit monté de 2 pouces dans la nuit, & il n'est pas monté plus haut. A onze heures, le Vin étoit chaud, & en train de se faire, & le marc étoit plutôt baissé que monté. Alors nous avons arrosé le marc pour la premiere fois, comme M. Maupin l'enseigne à la page

64 de ſa Diſſertation ſur les pratiques des Vignobles, & dans la quantité qu'il a indiquée dans ſon Problême ſur le décuvage des Vins, joint à ſon procédé. A quatre heures après midi, le Vin étoit très-chaud, & fort trouble, mais il étoit déja moins verd. A ſix heures, moins trouble, & plus vineux, & très-chaud, mais les ſignes de la fermentation étoient très-diminués. Le marc ſentoit ſenſiblement le Vin, la lumiere ne s'eſt point éteinte. A huit heures, le marc fortement vineux, le Vin fait, quoiqu'encore très-chaud & trouble, c'étoit le moment de le tirer; mais comme il étoit tard, que notre Vin étoit fait de raiſins très-verds, que la température n'étoit rien moins que chaude, que nous voulions donner au reſte de la fermentation, le temps de ronger encore une partie de la verdeur du Vin, & par-là, le rendre plus promptement potable : d'après toutes ces raiſons, priſes dans le Problême de M. Maupin, & qui font exception à la regle générale qu'il a poſée, nous nous ſommes déterminés à ne tirer notre Vin que douze heures plus tard; & en effet, il l'a été le lendemain, 2 Octobre, à huit heures du matin, après ſoixante-dix heures de cuvage, à partir de la fin du foulage.

Ce Vin étoit très-chaud, & après qu'il a été

tiré le marc étoit fumant, comme il nous semble que doit l'être, après une fermentation bien conditionnée, le marc de tout Vin vigoureux, dont toutes les parties gazeuses & spiritueuses ont été retenues & concentrées comme dans la présente expérience.

Nous ne voulons pourtant point faire entendre par-là, que la vapeur concentrée dans le marc dont il s'agit, & qui s'en étoit exhalée pendant le tirage du Vin, fut en aussi grande abondance & aussi suffoquante qu'elle l'auroit été par une température beaucoup plus chaude, & avec des Vins plus spiritueux & violens, comme il y en a beaucoup dans les pays chauds & nos provinces méridionales, mais elle l'étoit assez dans le cas présent, pour qu'il fut au moins de la prudence de ne point négliger l'usage du second Procédé Anti-mephytique des Cuves Chinoises; aussi pour nous y conformer après le tirage entier du Vin, en avons-nous fait verser sur le marc, de la maniere & dans la quantité marquées dans ce Procédé, pages 6 & 7.

Au moyen de cette opération, le marc détrempé après le tirage du Vin, rafraîchi & dépouillé de tout excès dangereux de chaleur & des parties mephytiques, par le Vin qui s'en étoit chargé, n'a causé aux hommes qui en ont fait l'extraction, ni accident, ni incommodité.

Cet avantage n'eſt pas le ſeul que produit cette opération : elle contribue encore à donner plus de qualité au Vin, en lui conſervant une partie des eſprits qui, ſans elle, ſe ſeroient échappés du marc lors de ſon extraction de la Cuve & de ſon tranſport au preſſoir, & au preſſoir même.

Ainſi ce ſecond Procédé Chinois & le premier ſont non-ſeulement anti-mephytiques, mais encore amélioratifs des Vins, ainſi que nous l'avons annoncé dans le titre de cet écrit.

D'après cela, nous pourrions eſpérer, ce ſemble, que les nouvelles Cuves ou Inventions Chinoiſes ſeroient recherchées en France, comme il paroît qu'elles l'ont été à la Chine ; mais en France on eſtime beaucoup l'Agriculture, & en général on la laiſſe. D'ailleurs pour qui n'achete les livres qu'au poids ou à la meſure, & ſans vouloir tenir aucun compte des ſacrifices qu'ils ont pu couter, ni de l'importance des découvertes qu'ils peuvent contenir, le prix auquel nous avons porté les nouvelles Inventions Chinoiſes dont il s'agit, ou du moins l'écrit qui les renferme (*a*) paroîtra, ſans doute,

---

(*a*) Cet Ouvrage a pour premier titre *Etrennes Chinoiſe*, & pour ſecond, Cuves & Procédés anti-mephytiques, ou

trop excessif pour que nous puissions compter sur un grand empressement ; cependant comme les raisons qui nous y ont déterminé, & que nous avons exposées aux pages 3, 4, 9 & 10, des Cuves Chinoises, nous paroissent sans replique à l'égard des Ouvrages d'invention, nous ne céderons qu'à des raisons meilleures que les nôtres, si on peut nous en donner. Il nous semble que dans un siecle éclairé, c'est à la raison, & non à l'usage, à faire la loi.

Notre dessein avoit été de placer ici quelques oservations relatives au procédé Chinois que nous avons proposé pour le foulage, & d'aller au devant des objections qu'un intérêt mal entendu, ou tout autre motif ne manquera pas apparemment d'opposer particuliérement à ce procédé ; mais nous aurions été obligés, pour cela, d'entrer dans des détails que le prix auquel nous avons mis cet écrit ne nous permet pas, & c'est pourquoi,

---

nouvelles Cuves Chinoises pour servir à la façon des Vins, *avec une nouvelle maniere de faire le meilleur Vinaigre à la Chine, au temps de la Vendange.* Extrait d'un Manuscrit Anglois, avec cette épigraphe, *Multa in paucis*, par MM. LL. prix suivant le rite Chinois, 1 liv. 16 s. en une feuille & demie. A Londres, & se trouve à Paris, chez Lacloye, Libraire, rue du Monceau, Saint Gervais.

ſans nous y arrêter, nous allons reprendre & achever le recit de notre expérience, à laquelle, pour ſuppléer & au-delà, aux détails que nous ne donnons pas, nous ajouterons le montant des frais extraordinaires qu'elle nous a coutés.

Notre cuvée ou vendange nous a rendu, tant au cellier qu'au preſſoir onze muids de vin. Ce vin, à la ſortie de la cuve, étoit très-chaud, & quoique mêlé avec celui du preſſoir, il n'a point bouilli dans les tonneaux, & s'eſt éclairci en très-peu de temps. Quand nous ſommes partis le quatrieme jour après l'avoir fait, ſa couleur étoit déja belle, & beaucoup plus foncée qu'on ne devoit l'attendre de raiſins, dont la plus grande partie avoit beaucoup de verdeur, & il annonçoit une qualité ſupérieure relativement à l'état des raiſins. Quinze jours après notre départ, on nous a marqué qu'il étoit infiniment plus agréable qu'on ne devoit raiſonnablement l'attendre de pareils raiſins, qu'il avoit peu de verdeur, qu'il avoit du corps, que la couleur en étoit belle & très-vive, & qu'il étoit généralement eſtimé de 12 à 16 liv. par muid plus que les autres vins du même canton.

Ainſi, d'un côté, nous ſommes parvenus à faire avec des raiſins très-verds, un vin qui ne l'eſt point : ou qui l'eſt infiniment peu par comparaiſon à ce qu'il l'auroit été, s'il avoit été fait de toute autre maniere ; & de l'autre, en ne comptant à cauſe des déchets & de l'entretien, que 10 muids au lieu de 11, & que 12 liv. de plus par muid au lieu de 16, le prix de la totalité de notre vin excédera de 120 liv. celui qu'il auroit eu s'il avoit été fait ſuivant la maniere ordinaire.

Il nous en a couté pour cinq pilons & trois briſoirs, 4 liv. 16 ſ. ; pour la planche qui nous a ſervi au foulage & les taſſeaux, 5 liv. ; pour l'entonnoir, 6 liv. ; pour le contrefond ou couvercle de planches, 20 liv., en tout, 35 liv. 16 ſols.

Les inſtrumens qui nous ont couté ces 35 liv. 16 ſ., peuvent durer, l'un dans l'autre, au moins 20 ans ; le vingtieme de 35 liv. 16 ſ. eſt 35 ſ., ou ſi l'on veut 40 ſ. qui font 2 liv., à quoi il faut ajouter 2 liv. que nous comptons pour les frais du foulage, quoiqu'il y ait un grand nombre de vignerons & de propriétaires, auxquels cette opération coutera beaucoup moins, & ſouvent rien. Ces deux dernieres ſommes réunies font 4 liv., qu'il convient déduire ſeulement pour nos frais extraordinaires de manipulation ; ainſi, ſur les 120 liv. que notre vin ſera vendu plus qu'il ne l'auroit *été*, il nous reftera de bénéfice net, 116 liv.

Nous voyons dans les expériences de M. Maupin, & même dans quelquels-unes de celles qu'il a rapportées, des fuccès encore plus étonnans. Comment eft-il poffible qu'après cela & les fuffrages les plus refpectables, comme les plus impofans, dont il a été honoré, comment eft-il poffible que MM. les Journaliftes n'aient regardé fa manipulation des vins & tous les avantages qui en réfulteroient, non moins en faveur du commerce & de la fociété, qu'en faveur des vignobles, que comme des bagatelles indignes de leur attention ? & s'ils n'ont pu fe diffimuler le mérite & l'importance de cette invention, comment ont ils pu, du moins pour le plus grand nombre, affecter de les taire & de les cacher au public ? Comment quelques-uns d'eux ont-ils pu fe permettre de perfifler, & de ridiculifer l'auteur d'une fi riche invention & de tant d'autres, lui à qui la Grece & l'ancienne Rome auroient... Mais n'irritons point encore l'envie contre lui, & pour le venger du ridicule que ces Meffieurs ont voulu répandre fur fes prétentions, bornons-nous à indiquer feulement fes principales inventions.

C'eft lui qui a inventé l'art de faire les vins

qui, avant lui n'étoit, &, graces à MM. les Journalistes, n'est encore dans l'usage général, qu'une routine aveugle qui perd nos vins, & les rend souvent mauvais quand ils pourroient être bons.

C'est lui qui a inventé l'art de cultiver la vigne, qui avant lui n'étoit & n'est encore, par la raison que nous en avons déja dite, qu'une routine aveugle qui ronge & consume le cultivateur par une infinité de fausses avances qu'elle lui fait faire, & que l'art lui épargneroit.

C'est lui qui, par sa manipulation des vins & ses profondes combinaisons de l'espace & de la taille de la vigne, a trouvé le moyen inconnu jusqu'à lui, & qu'il a si bien démontré dans *ses expériences auprès de Paris*, de naturaliser la vigne, & de faire de bons vins dans les provinces de France, & plusieurs des pays où ce moyen avoit toujours paru au-dessus de toutes les forces de l'art. C'est particuliérement à l'occasion de ce moyen regardé comme impossible par MM. les Auteurs du Mercure, quoiqu'il soit démontré avec une évidence irrésistible, que ces Messieurs ont imaginé de mettre une baguette magique dans les mains de M. Maupin.

C'est lui, car sûrement il est trop sage,

& d'ailleurs trop riche de ses autres découvertes pour en annoncer une qu'il n'auroit pas faite, & dont il ne seroit pas même sûr, c'est lui qui a inventé l'art ou le moyen si étonnant & si heureux de féconder par les moyens les plus simples, les terres les plus arides, & jusqu'à présent les plus ingrates malgré tous les efforts de l'industrie humaine. Voyez la page 3 de *la Théorie des vins blancs*, la page 10 des *Considérations sur la seule richesse du peuple*, à la fin *de la richesse des vignobles*, & la page 41 de l'*Avis & Leçon aux laboureurs.*

C'est lui enfin qui, par son systême de la réduction de toutes les cultures, a inventé & publié l'art si simple & pourtant le chef-d'œuvre de l'art, de multiplier toutes les subsistances, les grains, les bestiaux, les bois & en général tout ce qui sert à l'usage de l'homme, & en même temps de diminuer immensément les frais de toutes les cultures, & en particulier de celle des grains (Voyez l'Avis & Leçon aux laboureurs, & sa nouvelle Démonstration, depuis la page 42 jusqu'à la page 48). Heureux si moins découragé par l'éternelle indifférence des Journalistes, cause principale de celle du public, & peut-être de bien d'autres, il eut voulu ou pu consommer son ouvrage, & mettre la derniere main à un plan, dont l'exécution intéresse essentiellement l'aisance, & par conséquent le bonheur de toutes les sociétés, & particuliérement celui des peuples.

Telles sont, en derniere analyse, en y comprenant sa théorie du temps de la vendange, les découvertes les plus essentielles de M. Maupin.

Inventer deux grands arts, diminuer considérablement les avances de toutes les cultures, multiplier prodigieusement toutes les productions, vaincre & soumettre la nature dans deux grandes circonstances où elle a toujours été invincible; on conviendra, sans doute, que tout cela dans un même homme sur-tout, est aussi étonnant que nouveau, & qu'après d'aussi grandes inventions, il devoit être à l'abri du ridicule dont MM. les Auteurs du Mercure & des Affiches de province ont cherché à le couvrir.

Mais ces inventions sont-elles certaines? C'est la question & le point le plus important; mais depuis long-temps cette question est résolue, par les ouvrages de M. Maupin, & depuis elle l'a été encore d'une maniere plus pressante dans sa nouvelle démonstration.

MM. les Journalistes, qui en général ont passé si légérement (*a*) sur cette démons-

---

(*a*) La justice exige que nous exceptions particuliere-

tration auront peut-être quelque répugnance à convenir de la solidité des découvertes qui en sont l'objet ; cependant, s'ils ne peuvent en nier la certitude, il paroît souverainement juste & même nécessaire qu'ils en conviennent. S'ils ne veulent pas avouer cette certitude, en ce cas, ils ne peuvent se dispenser d'en donner la raison & de prouver ; car enfin, il faut que le public sache au juste à quoi s'en tenir, & qu'ils se mettent eux-

---

ment MM. les Auteurs du Journal de Bouillon, qui, dans deux analyses aussi judicieuses que bien faites, ont fait un rapport très-bien circonstancié & très-intéressant des deux derniers Ouvrages de M. Maupin, dans leur Journal du premier Août dernier, & dans celui du quinze du même mois. Que de pertes MM. les Journalistes auroient pu sauver à l'Agriculture & au peuple, si plus équitables ou moins indifférens, ils avoient donné aux grandes vues de M. Maupin, la même attention qu'y ont donnée MM. les Auteurs du Journal de Bouillon !

Un des grands avantages qui en seroit résulté, & il y en a bien d'autres, c'est que les Orges & les Avoines, si rares cette année, ne l'auroient pas été malgré la contrariété de la saison. Les circonstances actuelles doivent faire sentir tout le prix de cet avantage, & il est certain. Nous pouvons nous en rendre garants, car nous y avons regardé de très-près, & de tous les côtés; si l'on en doute encore, nous sommes prêts de discuter & d'établir la chose publiquement ; nous n'y craignons aucun quel qu'il soit.

mêmes à couvert des reproches que des hommes prévenus comme nous, pourroient leur faire; ainsi, en supposant qu'ils prennent ce parti, ils prouveront, ce qui sera fort curieux, que la manipulation des vins par M. Maupin, adoptée, à ce qu'il paroît, par cinq à six mille personnes en France & dans les pays étrangers, n'a pas la propriété de rendre les vins beaucoup meilleurs, plus salubres, & d'une plus longue durée : ils prouveront que même, avec les restrictions & les précautions qu'il a indiquées, il ne seroit pas possible d'établir la vigne, & de faire de bons vins dans celles de nos provinces qui n'en font point : ils prouveront que sa culture de la vigne n'est pas infiniment meilleure & moins couteuse que la culture ordinaire : ils prouveront que son systême pour l'administration générale de toutes les parties de l'agriculture, & en particulier, son plan pour l'amélioration des terres labourables, ne valent rien, & qu'il est faux qu'ils pussent produire annuellement des économies & des améliorations immenses; ils prouveront que ce systême & ce plan n'auroient point l'effet de multiplier prodigieusement, toutes les productions & toutes les subsistances : ils prouveront qu'il est impossible de fertiliser aucune des terres qui ont été jusqu'à présent stériles malgré tous les efforts de l'art : ils prouveront que les grands moyens, découverts par M. Maupin, n'auroient point l'effet d'enrichir ou au moins de soulager les cultivateurs, & de répandre beaucoup plus d'aisance dans la nation, & particuliérement parmi le peuple; ils prouveront enfin, car en soutenant la cause de M. Maupin, ou plutôt celle de tous les grands talens, nous n'entendons pas oublier la nôtre; ils prouveront que les nouvelles inventions Chinoises que nous avons publiées, ne sont que des chimeres, & qu'elles n'auroient point, comme nous l'avons avancé, le double effet d'améliorer les vins, & de conserver les hommes qui les font. Que MM. les Journalistes prouvent ou essayent de prouver tout cela, & nous, nous essayerons de leur prouver le contraire.

Cette discution ne feroit sûrement, pas de notre part, un chef-d'œuvre comme celle du magnétisme animal; mais elle auroit cet avantage, qu'elle porteroit sur des objets bien plus réels, & d'une toute autre importance.

Nous avons peine à nous persuader que, dans un pays où il y a des loix, MM. les Journalistes se refusent constamment à annoncer les procédés anti-mephytiques & amélioratifs des vins dont nous avons donné la démonstration dans cet écrit;

écrit ; mais nous doutons beaucoup qu'ils consentent à se prêter à la discution que nous venons de leur proposer. Ils entendent trop bien leur affaire pour ne pas s'appercevoir que l'avantage ne seroit pas de leur côté ; & c'est pourquoi nous les invitons à faire droit sur notre reclamation, & sur toutes les parties de cet écrit. Il nous semble que ce seroit pour eux le plus court & le mieux ; mais s'ils n'acceptoient aucun des deux partis que nous leurs proposons, nous les prions de ne point trouver mauvais que nous donnions au moins la suite de leurs Bagatelles.

Notre intention étoit de terminer ici cet écrit ; mais comme nous sommes encore incertains du choix que feront MM. les Journalistes, & que l'assurance que nous avons montrée, pourroit bien ne pas avoir leur approbation, nous croyons devoir aller, dès à présent, au-devant d'un reproche qu'il ne seroit pas impossible qu'ils nous fissent, puisqu'il a été fait à M. Maupin par des censeurs (*a*) qui pourtant ne sont pas ceux qui l'ont le moins bien traité. C'est dans la vue de prévenir ce reproche que nous observerons, que quiconque a reçu un tort, a incontestablement le droit de

(*a*) MM. les Auteurs du Journal de Paris, dans leur feuilles du 19 Août dernier.

demander qu'il ſoit réparé, & que non-ſeulement les talens qui ſont *méconnus & que l'on affecte d'étouffer*, ont le droit de réclamer la juſtice qui leur eſt due, & pour cela, de ſe mettre à leur juſte valeur, *quelque haute & quelque grande qu'elle ſoit*, mais encore qu'ils le doivent pour l'interêt même de la ſociété, puiſque ce n'eſt qu'autant & à proportion qu'elle connoîtra leur vraie valeur, qu'elle leur accordera ſa confiance & qu'ils pourront lui devenir utiles. Exalter ſes talens en pareil cas, car nous n'en ſuppoſons point d'autres, ce n'eſt ni ſe vanter, ni prendre un ton impérieux, mais ſe défendre & réclamer ſes droits en faveur de la ſociété.

Nous ne ſommes pas plus d'accord avec MM. les Auteurs du Journal de Paris, ſur pluſieurs autres points de l'article, auquel nous venons de répondre ; & nous aurions ſur-tout beaucoup d'obſervations à leur faire ſur leur Journal du 28 Octobre dernier, N°. 302, dans lequel ils ont annoncé, pour fouler la vendange, une machine dont, à quelques légeres différences près, peut-être, nous nous ſommes procurés des modèles & les gravures depuis dix ans, ſans que nous ayons daigné en faire aucun uſage ; mais par égard pour ces Meſſieurs, nous leur communiquerons nos remarques avant que de les rendre publiques. Si, à la différence des Auteurs du Mercure & de ceux des Affiches de Province, avec lesquels il ne paroît point que M. Maupin eut eu antérieurement aucun demêlé, MM. les Auteurs du Journal de Paris malgré l'attaque, que leur avoit portée M. Maupin, ont eu cependant l'honnêteté de prononcer plus affirmativement qu'aucun, sur une partie au moins de son mérite; nous avons lieu d'espérer qu'ils ne seront pas moins judicieux à notre égard, & qu'ils voudront bien rendre à l'un & à l'autre des procédés antimephytiques que nous avons publiés, la justice que nous avons réclamée par cet écrit.

P. S. Cet Ecrit étoit déja sous presse, ou plutot l'impression en étoit déja presqu'entiérement achevée, lorsque nous avons eu connoissance du Mercure du 13 Novembre de cette année. L'article dans lequel on y a annoncé le dernier Ouvrage de M. Maupin, nous a paru fait avec de bonnes intentions. L'Auteur de cet article y a rappellé la longue constance de M. Maupin dans ses travaux; il a exposé quelques-unes de ses propositions ou assertions sur l'importance des subsistances; mais il a oublié de faire l'analyse de l'ouvrage, il n'a rendu aucun compte des grandes découvertes dont la démonstration en est l'objet, il n'a aucunement parlé des principes & des faits qui en établissent la solidité ; en un mot, il n'a rien dit de ce qui peut attirer la confiance ou seulement l'attention du grand nombre ; & dès-là, nous sommes forcés de le dire, c'est une annonce qui ne doit produire que peu ou point d'effet. M. Maupin en sait, sans doute, là-dessus plus que nous ; mais en appréciant les effets par leurs causes, nous ne croyons pas nous tromper.

Quoique ce qui suit, n'ait aucun rapport avec ce qui précède, la vogue où, pour la vingtieme fois peut-être, on paroît s'efforcer de mettre la préparation des semences, semble nous faire une loi de ne point terminer cet écrit, sans nous élever contre ce renouvellement d'abus, en disant au moins notre avis ; & notre avis est que les grands effets que quelques-uns attribuent à la préparation des semences, dont on trouve une vingtaine de manieres dans les Maisons rustiques, ne sont, *du moins en grande partie*, qu'une exagération d'une crédulité peu éclairée, ou même de la charlatannerie. On peut consulter, à ce sujet, la Gazette d'Agriculture, du 28 Décembre 1778, n°. 102.

FIN.

www.ingramcontent.com/pod-product-compliance
Ingram Content Group UK Ltd.
Pitfield, Milton Keynes, MK11 3LW, UK
UKHW021027180726
13838UKWH00004B/1640